安曇野にゃんこ ほのぼの日記

［山登りねこ、ミケ］の仲間たち

岡田　裕

日本機関紙出版センター

はじめに

猫好きのみなさん。この写真集を手に取って下さりありがとうございました。私は2014年にフェイスブックを始めました。以来7年間に渡り投稿した約4000本のうち、評判の良かった100本分を厳選し、この写真集にさせて頂きました。

今、世の中はコロナ禍の真っ只中です。悲しいことに大勢の方々が亡くなられています。このパンデミックがいつ収束・終息するのか先が見えない状態です。日々不安を抱えながらステイホームでストレスを抱えておられる方も多いのではないかと思います。無力な私には何もお手伝いできることがありません。せめてこの1冊がみなさんの疲れた心身を癒やし、ビタミン愛になれば幸いです。

猫は平和の象徴です。「猫は地球を救う」の精神でこの写真集をお届けします。一緒に泣いてくださったり笑っていただければ幸いです。

なお、猫たちの年齢は、あえてそのときの年齢にしておりますのでご理解のほどよろしくお願いします。

3

安曇野おかだ山荘からの北アルプスの全景

男子10歳。7kg。元野良猫。生後2ヶ月で家族に。父親が巨大洋猫メインクーンだと聞く。じゃがいものメークインにも似ている。大人しいけど多弁。我が家の用心棒。愛嬌があるので後家殺しとも噂される。

☙ フク ☙

女子8歳。生後1ヶ月でスーパーの駐車場に捨てられていたが保護される。気が強いけど寂しがり屋。養父フクに育てられたのに今ではフクをペットだと勘違いしている。ミケの後継として15座登頂。岡田家の女帝として君臨中。

☙ ミュー ☙

女子7歳。ミューと野良黒の娘。ミューが生涯1匹だけ産んだ子。筋肉隆々ながら100mを7秒台で走る韋駄天娘。ツタンカーメンみたいなアイラインの瞳で妖しい魅力を振り撒く。毎夜パトロールで朝帰り。

☙ ナナ ☙

🐾ノン🐾

元野良猫。弟のフクと一緒に我が家に来た。フクに先に御飯を食べさせてから自分が食べるという優しい兄。父ちゃんには1番懐いていた。長じて野良猫に戻ってしまい、父ちゃんは今でもよく泣いている（;;）

🐾ミケ🐾

山登りねこ、ミケ。保護猫。猫ながら64座の内、62座をノーリードで登頂を果たした登山猫の先駆者。内股に茶色が入った珍しい雄の三毛猫。2010年に15歳で旅立つ。実際の登山姿はYouTubeをご覧ください。

🐾野良黒🐾

ミケと地域のボス猫の座を争い、よくふたり巴になって転がり回り壮絶な喧嘩を繰り広げていた。のちにミューと結婚する。但し結婚式は挙げていない。ナナの父親。野良猫ながら推定15歳まで生き延びた逞しい男。

自然編

「山登りねこ、ミュー」志賀高原 笠ヶ岳2.076mを登る

　ミュー9座目の山。ミケ先輩は64座のうち、はじめの2座はリードをつけていましたが、ミューはいきなりリードなしでした。まったく逃げず、あとをついてきます。というか楽しそうに探検しています♪夫婦とミケのお友達のさっちゃんも同行。夫婦以外の同行者はミューの人生で後にも先にも彼女のみです。

ねこは喜び庭かけまわる

　新雪が降るとコタツでじっとしていられない寒冷地仕様のナ
ナです ^_^

　ナナちゃん、チミタク ないの？

　おとうたま。小さな新雪、大きなお世話です。

あなたはライチョウさん？

　はい。ワタチが女性解放運動に一生を捧げた平塚らいちょうです。

　鳴いてみて ^_^

　ミューミュー。

　やっぱり猫じゃんか。

「山登りねこミュー」頑張る

　ミューはとにかく山に入ると先頭に立ってトップを取りたがります。うちの年子の息子達の小学生時代と同じ。でも百戦錬磨の先代のミケほど年季が入ってないので、まだペース配分がよく分からない模様。松本市の平瀬城址山頂（716m）は間近！

フク―命をとりとめる

　夜中に膿を流して4日ぶりに帰ったフク。お腹にはポッカリと牙の跡が開いています！私の抗生物質を飲ませ応急処置。翌朝、病院に行くと「もう少しで腹膜炎になり危なかった」とのこと。

　河岸でフクと狸の足跡を発見！　左がフク、右側の大きいのが狸です。狸は食糧が減ると猫を捕食するとか。狸にとっては私達が侵略者なのです。生きて帰ったフクを誉めてあげたいです。フクはその後、河原の散歩を敬遠するようになりました。

顔が「白銀の槍ヶ岳」

　白い稜線がナナの顔の真ん中で槍ヶ岳になってました ^_^ たまたまです。槍ヶ岳は❶富士山❷北岳❸奥穂高岳❹間ノ岳に次ぐ標高日本第5位の山。3.180m。麓から見えない登山愛好家憧れの山です。

あづみの超特急

　新幹線の先頭車両のような顔で風の抵抗を少なくして走るナナ。砂煙を上げて、跳ね飛んでいます。尻尾をうまく操ってコーナリングするのはチーターのようです。自宅の前に思い切りダッシュできるキャットランがあるのは幸せです。

夕焼けニャンニャン

　穂高川の河原。夜7:25です。今日は明るいので長居しちゃった。こんな時間にオジさんが猫をモデルに撮影会をしてるなんて怪しまれて通報されるかニャァ？　もっとも人っ子一人歩いてませんが。タヌキが出るからミューもナナも帰ろう。

ミュー先頭に凱旋帰宅

　フェイスブック猫友達のおばさまから里芋を頂きました。奥たまの故郷の新潟では葉や茎も油炒めにして食べるそう。「どの野菜も勝手に収穫していいよ」と言われてるのでミケやミューのおかげで助かってます。

♪雲がゆく雲がゆくアルプスの牧場よ〜

　牛さんがのんびり歩いています（笑）。毎日、ミューとアルプストレッキングをしています。

本人はうまく隠れてるつもり

　なので「ミューちゃんは何処に行ったのかなあ〜」と言ってあげると得意気になります ^ - ^

　ミューナナの麦踏みの甲斐あり、安曇野の寒さに耐えて麦の葉も茂ってきました。嗚呼、天高く麦も猫も肥ゆる春。

生きとし生けるもの全て輝け

　安曇野の春。残雪と新緑と桜と水仙。厳しい長い冬にじっと耐えて、ようやく目覚めました。

　70年以上前、田舎なのにこの桜の奥にB29が爆弾を落とし、作業中の農民3人がお亡くなりに。この自然と平和がいつまでも続いてほしいです。

俺も似合うって誰か、スイセンしてくれよ

フクがこんなことするの初めて見ました ^_^
こんな乙女チックなところもあるんですね。

雑草にだって命がある

　ミューにだぶります。保護して下さった女性が仰るには炎天下、三兄弟スーパーの駐車場で段ボールに入れられて捨てられていたとか。死にかかっていたミューをお連れさんが寝ずの介抱をして下さり命が繋がりました。今ではちゃんと生きて私たちを癒してくれてます (T . T) 感謝。

お父たま　冬将軍の足音が聞こえるよ

お父たま　冬将軍は夏の間はなにしてるん？
暑さに弱いから夏休みなのよ。

ふるさとの山に向かいて

　石川啄木のふるさとの山は岩手山と姫神山のようですが、ナナフクミューにとってはこの有明山や大天井岳が正にふるさとの山です。

　ふるさとの山に向かいて 言うことなし
　ふるさとの山はありがたきかな

ナナと「ねこ」と呼ばれる山

　ナナの耳の後ろは地元大町市で「ねこ」と呼ばれる北アルプスの３千ｍ峰、鹿島槍ヶ岳2.889m。岳人あこがれの日本100名山です。北峰、南峰の双耳峰が猫の耳に見えます！

♪童謡「まつぼっくり」

松ぼっくりが　あったとさ
た〜かい　おやまに　あったとさ
ころころころころ　あったとさ
「お猫」がひろって　たべたとさ

ノン&フク兄弟と山登り

　ミケなきあと、うちに来た野良猫兄弟。仲良く４座登山。ここは生坂村の高津屋城址776m。

　ノンと暮らしたのは２年ほどでした。弟のフクがお腹一杯になってから自分がご飯を食べてた優しい兄。野良猫に戻ったけど何処かで生きててほしい。また思い出して涙。

ナナの登山デビュー

　実はナナもリードなし登山したことがあります。生坂村の高津屋城址776m。高校生ぐらいに育ったナナは全く問題なしでスイスイ、ミューと山頂を往復。でも毎日の散歩の時、しばしば興味あるモノに引かれて行方不明になるので(そのうち部屋に戻ってきますが)その後，奥たまのお許しが出ず一度きりの登山。

　私740座、奥たま約500座、長男と次男約120座、ミケ64座、ミュー15座、ノンとフク4座、ナナ1座。これが我が家族の踏破した山の数です。10回登った山も1回とカウントしています。

雪と柳と桜と猫と水仙

　自宅前です。

　毎年、この景色が見たいから、寒いのを我慢して22年間も住んでいます。

　私たちもナナフクミューたちも (=^ ェ ^=)

　ありがたいことです。

父ちゃん、俺のハートも燃えてるぜ！

　午後７：30お勤め終了。フク、今日も一日、我が家の見守りご苦労様でした。

　このあと一緒に部屋に戻りカリカリご飯の大盛りを食べました。

田畑に猫が欠かせない理由

　モグラには恨みはありませんが御百姓さんには害獣なんです。

・土の中を移動する時に根を切ってしまい作物が生育不良を起こす。

・モグラ道にネズミが侵入し、根やイモ類を食べてしまう。

・モグラ道が土の保水力を低下させ生育が悪くなる。また水田に穴を開ける。

・モグラが、田畑を耕してくれるミミズを大量に食べる。毎日、自分の体重と同じ量を食べてしまう。などなど。

　ということで作物が育つにつれ、ミューナナ親子が忙しくなります。昼行性のミューは定時で上がりますが（笑）夜行性のナナは夜勤と残業・短期出張が続くのです。

　昨年は農協のオジサン達やアスパラ農家さんからも御礼を言われました ^_^

　写真は麦畑ですが、これからは田んぼ仕事も始まります。なんと言ってもケモノ編に苗と書いて猫です。

　弥生時代から猫は田んぼの守り神でもあります。最近の研究で猫は弥生時代より、ネズミから稲を守ってきたことが分かりました。

愛情編

あのね、お母たま再婚するの

　今日は４月１日 。ミューは１歳の時に推定14歳も年上だった地域のボスの野良黒に見染められて結婚・懐妊。でも野良黒はナナが産まれたあと推定15歳で大往生。 近所の猫好きなオバサンが手厚く葬ってくれました。以来シングルマザーです。

親猫の背中に仔猫を乗せて

　1歳児の おてんば娘ミューに子育てできるか心配してました
が、母親らしくナナにおっぱいをあげ、身体をなめ、甲斐甲斐し
く世話をしてました。奥たまと「あの、わがまま娘がねー (笑)」
と感心したことを思い出します。

野良黒ものがたり

　堤防から川遊びをする父娘を見つめているナナ。7年前の遠い記憶をたどっているのでしょうか。

　ナナの父は野良黒というボス猫。うちのミケとよく派手な喧嘩をしていました。でも ノン・フクとは親友でした。

　ミューの妊娠に私は全く気付いていませんでした。奥たまが言うにはスケバンみたいな態度になり夜、野良黒と逢っていたそうです。あちゃ〜。どうも女性は悲しいな、ちょい悪に惹かれるようです。

　ミューが産気付き、私は♫「男のサンバ」になって赤ちゃんを取り上げました。なんと1匹だけ！　八割れ猫でした。

　驚いたことに野良黒はよく通ってきてはナナとまめに遊んであげてました。ミューと野良黒とナナの親子3人が水入らず、ウッドデッキの上で寛いでいた姿を思い出します。私を怖がってたので彼の写真は1枚だけですが。思えば、うちの5匹の猫達と関わりがあった唯一の猫が野良黒でした。

　ある夜、うたた寝から覚めると野良黒が何か言いたそうに傍でじっと私を見つめています。部屋に忍びこんでいたのです。多分「おじさん、妻と娘のことを頼みますよ」とお別れを言いに来たのだと思います。

　数日後、野良黒は水仙が咲く花桃畑で倒れていたそうです。野良ながら推定15歳の大往生でした。猫好きの優しいおばさんが丁重に葬ってくれました。

　水仙や花桃が咲き乱れる頃になると私は心優しい野良黒のことを思い出して涙が溢れてきます。

クロに自分たちのごはんをすすめるフクとノン（右下）

愛してくれて ありがとう

　炎天下スーパーの駐車場の段ボールの中、兄弟姉妹3匹で伸びていたそうです。奥たまの「死にかかっていたという子を貰ってあげようよ」の、鶴の一声で、この子に決まりました。

　いつも傍にいて恩返ししてくれています。1日でも長〜く一緒にいたい。毎日何度も「ミュー、長生きするんだぞ！」と話しかけています。

フク接待はりきる ('ω')

　「娘がねこ大好きなので見せてくださ〜い」と可愛い親子が安曇野おかだ山荘を訪ねてくれましま。ご覧の通りベテラン番頭のフクが接待。初めて触るねこさんに娘さんは声を上げて大喜びでした！　気は優しくて力持ちのフクを改めて見直しました (^O^) ／

41

フク・ミューを手玉に取る美魔女

　安曇野おかだネコ山荘。今夏初の宿泊客は東京の細川ご夫妻。旦那さまは東大卒後、北海道の大学の教授をされた農学博士。猫好き夫婦です ^_^ いつものように番頭のフクが接待。ミューはお２人が気に入って生まれて初めてお客様と一緒に添い寝。夜中に奥さまのほっぺや鼻をペロンペロン。

やっぱりお母たまがいちばん好き！

ナナ。や、やめてよ〜
恥ずかしいわあ〜

元保護猫が保護鳥を見つめる

　何かが「ボコッ」と大窓にぶつかりました。慌てて外に出ると
メジロ？と思われる野鳥がウッドデッキで倒れていました（その
後、調べ直しました。メボソムシクイか、センダイムシクイかも
しれません）。足は骨折していない模様。猫たちに見つかると大
変なので、とりあえず鳥籠代わりの猫籠で保護。

　さて、皆さんにSOSしようか？　獣医さんに連れて行こうか？
と思案すること20分。野鳥が突然、籠の中で急に羽ばたき始め
ました！　横綱白鵬のかちあげでしばらく起き上がれない力士の
ように軽い脳震盪を起こしていたようでした。元気になるまで飼
うつもりでいましたが大事に至らず良かったです ^_^

　猫を3匹飼っていると本能ゆえの悲しい場面に遭遇することも
あります。動物が好きなのにベジタリアンになれない私。命を頂
いて生きさせてもらっています。これ以上、無益な殺生は勘弁し
てほしい。虫1匹殺すのも嫌なんです。

　野鳥は元気よく大空に帰っていきました ^_^

おこりねこ

　フクは怒っている。

　国連の核兵器禁止条約に背を向けながら「核兵器のない世界と恒久平和の実現に向けて力を尽くすことをお誓い申し上げる」と安倍首相が矛盾に満ち満ちた発言をしたことに。

　核戦争になれば人も私たちの可愛い犬や猫も殺されるのだ。

　日本が賛成しなくて誰が賛成するのだ!?

　広島・長崎で焼かれた犬や猫のかわりにフクは怒っている。

♬人生楽ありゃ苦もあるさ～

　脊柱管狭窄症の手術から11日目。

　まだ咳やクシャミをすると痛くて絶叫。リハビリ歩行は水戸黄門状態。ミューが助さん、ナナが格さんになり、歩調を合わせてくれます！　岩に座る時にはフクが見守ってくれます。そっと寄り添ってくれる猫たちに生かされている私です ^_^

ナナのアイーン！

　ナナも志村けんさんを追悼。

　実は先代の「山登りねこ、ミケ」が日本テレビの「天才！志村どうぶつ園」からオファーを頂き出演することになっていました。動物と話ができるハイジさんとガンで余命いくばくもないミケが話をする予定でした。

　ハイジさんがミケに「お父さんやお母さんと散歩や山登りしたりして岡田家の家族で幸せだったですか？」と聞いてもらうことになっていたのです。

　その予備取材のため志村どうぶつ園のアシスタントディレクターが2人，我が家に来られました。その4日後に残念ながら、ミケが虹の橋を渡ってしまったのです。

　実現していたら、どうぶつ好きな志村さんがそのシーンを見て、どういうコメントをしてくれたのだろうか？

　重ね重ね残念です。

ナナ元気だして！

来年また受ければいいじゃない！
人生は何度でもやり直しがきくのよ ^_^

楽笑編

流木列車しゅっぱーつ！

「ご乗車のおねこ様は白い石まで、お下がりくださ〜〜い」

大水の度に流れ着く流木は親子の遊び道具になります。

ウヒャウヒャ！ うれぴー^_^

　とうもろこしを頂きました。さっそくミューはすりすりキスしてきて「早く茹でて」とおねだりしてきます ^_^

　同じ夏野菜でも胡瓜は顔をそむけます（笑）。いつものようにガブガブかぶりつきました。

河原で火を焚きました

　バーベキューをやりました。　火を余り怖がらないのが分かったので今度は焼きいも大会の予定。

　大お母たまはお眠なので先に帰りましたが、私とミューナナはおき火になるまで焚き火ごっこ ^_^

とんでるオンナ

猫ちゃんなの？
いいえ、ムササビです。
鳴いてみ。「ミュー」

新日本昔ばなし、さるとかに

　おーい、さるどん、その赤い柿をワタチにもちょうだいね ^_^
と言って、かにどんはシュルシュルと柿の木を登ってきました
^_^

　よく登ってきたね〜偉いね〜と、さるどんはかにどんの頭をな
でてあげましたとさ。

　で、柿はくれないの？

♪わたし松葉～　いつまでも松葉 ～

本人はうまく隠れてるつもりなので
見えなかったことにしてください。

　散歩のとき、ミューはいつもこうやって「かくれんぼ」を誘います。

見つめ合う2人

　散歩にはご飯やおやつは持っていきません。今日は温泉帰りから直行で散歩に合流した奥たまがおやつを持参。猫たちに隠れて食べていたのをきっちりミューにめっかってしまいました。

ナマモノ

　いただいたクール宅配便を冷凍室に入れて振り向くと、ミュー
ナナ親子が入ってました。

　箱には「 ナマモノ 」と書いた赤いシールが貼られていました。

　まさに粋のいい「ナマモノ」でした（チャンチャン！）

安曇野混声合唱団

　左からテノールのフク、メゾソプラノのミュー、ソプラノのナナ。

　てんぷくトリオが只今練習している曲は「ねこ産んじゃった」

日本の農業はワタチが守ります

　けものへんに苗と書いて猫。苗のときだけではなく稲が実った
ときも害獣から守ります。

　明るいうちは昼行性のミュー中心のパトロール。夜から朝は「中
高生」で夜行性のナナにバトンタッチします ^_^

　母娘で日本の農業を守っています。猫にできて人にできないこ
とはない。永田町の偉いオジサンたちも日本の農業を守ってね！

♪乙女のワルツ

疑惑

お父たまの牛乳、しってる人？
し、しらにゃい。

ワタチ この釣竿に決めた！

　とにかく棒状の物が好きな「ボウジョウモノ」なナナです ^_^
　木の棒、突き出た枝、私の登山ストックに私の指などなど。な
かなか面白い子です。

ねこの花屋さん

おひとつ、いかが**?**
金のなる木、ひと鉢100円だよ。
どんどん殖えてザランザラン、ヒラヒラとお金が成るよ。
あなたも億万長者になること間違いないです。ミュー

お父たま。いけるところまで

すっぴんで頑張ってみます (^.^)

「 麦の唄 」

ナナの頭に麦の穂がひとつ！
日本の農業を守るために本日もパトロール中でございます。

ミュー、川にダイビングする

　地面と間違えて濁川に飛び込んだミュー。相変わらずの鈍臭さですが、舐め舐めと自然乾燥で復活。

　高い木に登ったり、登山中大蛇と闘ったり、大型犬に追いかけられたりと百戦錬磨。散々危険な目に遭ってきたので、田舎のお嬢さんは逞しい。

勝新太郎だ。文句あっか!?

　勝新演じた映画「悪名」の八尾の朝吉親分も真っ青!?

　弱きを助け、強きをくじく、貫禄じゅうぶんのフク親分である。

　ちなみに巷では石原裕次郎とかチャールズ・ブロンソンだともいわれている。

　ブスッとしたところが可愛いと最近、おばさま方からの人気上昇中である。

ナナの「なんでかなあ？」

どうちて男のひとは自分の足のにおいをかぐのかしらん？
フクおじさん、くしゃくにゃいのかなあ？

安曇野自由学園❺時間目、家庭科

本日は「マフラーを編もう！」
だれか‼　ミューさんをなんとかしてちょうだい。

せんせい

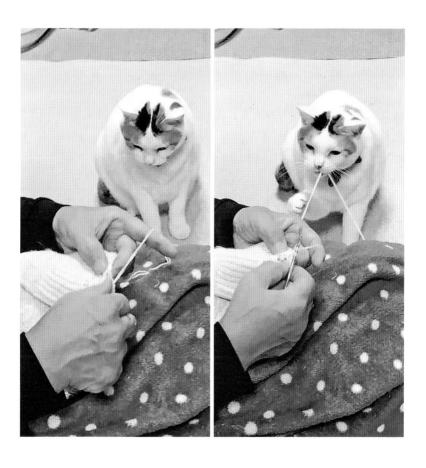

朝ドラ「ひらり」古い？

サビ〜、ムササビの親子です。
こらナナ、スネかじるな (*｀ヘ´*)

　　　　　　　　　　ミューママ

ナナ、どっからでもかかってきんしゃい！

そして、いつものように返り討ちにあうミューママでした (;▽;)

ミュー、そこどいてくれよ

　なんだ、フクおじさんか？　狸かと思ったわ。ここはお風呂場よ。お猫様は正々堂々と猫穴から入ってきてちょうだい。

　お前は相変わらず女帝だにゃあ〜。

　だってワタチはゴジラを背負ってるのよ。

お父たま。この子はだあ～れ

　なぜ堤防にクワガタが!?　なんて健気なんでしょう。

　こんなに小さいのに懸命にハサミを振り上げ毅然として巨大なナナに立ち向かっています。小さな感動を覚えました。

　恐れをなしたかナナは立ち去りました。

恥ずかしいから

絶対に見ないでください (*^_^*)

ミュー

いだてん娘

　穂高川の河原や堤防を dash するナナ。ウサイン・ボルトよりも速いとか。

　おっとりしてるママのミューも一生懸命ですが、ナナにはかないません。

　まるで走る大福餅のようです。

ミューの演奏会

　自撮り。フルートを吹くミュージシャン猫とびっくりポン！の
オジサン（笑）

ミュー景気のいい歌で　コロナを吹っ飛ばしてくれ (^O^)／

　旅〜ゆけば〜ああ〜（べべん！）
　駿河の国に〜茶の香り〜（いよっ！）
　ミューいつのまに浪曲、覚えたんや⁉
　ちなみに私の浪曲の師匠は女流浪曲師の玉川奈々福さんです
^_^

Merry Xmas

世界中のこどもたちや仲間たちが
平和に暮らせますように！
　　　　ニャン太クロースのナナより

かつぶし男がイモ男に!?

　雪が溶け、のんびり堤防で日向ぼっこしながら蒸かし芋を頬張ってるとフクが頂戴とやってきた。

　なんと美味しそうに食べだした！サツマイモもイケるんだ!? 10年も一緒なのに知らなんだ（笑）

カキーン！　カキーン！

　「猫滅の刃」撮影はじまる。

　おぬし何者だ？　あわて者だ！

　おぬしは何者だ？　ひょうきん者だ！

　伊賀のくノ一、服部半分年増と甲賀のくノ一、ねこ飛びサスケが刃を交えました！

　近日公開をお楽しみにね。

顔がデカいから ひとやすみ

　気が向いたら付いてくるフク。安曇野自由学園は自由参加。何回、遅刻や早退しても、スリスリしてきたら単位がもらえます。
　もう二度と狸にやられないよう、用心しながらたま〜に付いてきます。かわいい生徒です。

破顔一笑

　猫は人に比べると表情筋が少ないので、ものの本では笑わないことになっています。

　しかし、このナナ達の表情を見ていると猫はやっぱし笑うのです (^O^)／

借りてきた猫たち

家族編

ミューがきた日

　奥たまから「仔猫をもらって下さいと駅舎に貼り紙が」との電話。亡き山登りねこ、ミケに似ている３匹です。保護された方が仰るには、この炎天下スーパーの駐車場で段ボールに３匹捨てられていたとか。どうせならエサを食べられず、一番死にかかっていた仔猫をと貰ってきました。今やすくすく育ち過ぎて、毎日「ねこの恩返し」をしてくれています。

猫とトンボとコスモスと

　どうしてアキアカネは逃げないかな？と思ったら最後の力を振り絞ってミューの背中に止まったようです（；；）

　4～5ケ月の命とははかない……。知っているのか？　ミューもイタズラしません。命の貴さをを感じる秋です。

本当に死ぬかと思いました

　真夏の出来事。右上の写真。水没した倒木に引っかかったゴミが見苦しいので、取り除こうと深さ1m程の川の中へ。

　ところが想像以上に流れが速く、抗いきれずに転倒しました。流されてはなるまいと川に突き出した立木を必死で掴み、溺れもがくこと数分。頚椎損傷のため、腕に力が入りませんが、このまま猫達を残して死ねないと、水を飲みながらも精一杯の力で必死に耐えました。

　なんとか体勢を立て直して立ち上がると、岸でナナが目を見開き、狂ったように鳴き叫びながら走り回っているではありませんか！　ミューも目を見開いていますが、どうしていいか分からないのか、呆然と立ちつくしています。

　いつもクールなナナが、これほどまで私を心配してくれるとは思ってもみなかったです。こんな家族思いの熱い心があるとは……。

　2人を抱きしめ私は大泣き。天国のミケが守ってくれたんだ。川を甘く見た軽薄さを皆んなに詫びました。

NHK「もふもふモフモフ」に

　池田町の滝沢城址山頂 760m が舞台。少し登山道に雪が積もってましたが、ミューは先頭に立って私達をリード。早足で30分、自分の足で登頂！

　ご褒美にお母たまに抱っこしてもらいました。TV では先輩の「山登りねこ、ミケ」の後継猫として出演しました ^_^

お母たまの取り合い

本日もミューが優勢。

男手ひとつでミューを育てたのに男はつらいよ。

フク

ナルシストな親子

北アルプスを観てるようで
実は窓に写った自分を見て
うっとりしている母と娘。
互いに自分が一番きれいだと思っているのかしらん？

親子一緒に見合い写真

　ミケが召され、ノンフクが来たあと、ミューを迎え入れて、一粒種のナナが生まれました。

　この10年間でスマホの猫写真は約5万枚になりました。このミュー3歳、ナナ2歳の時の写真が好評なので待ち受け画面にしています ^_^

銀色の道。頑張れシングルマザー

　ミューは夫の野良黒に先立たれましたが、一粒種のナナと明るく生きています。亡くなる直前、野良黒が部屋に侵入。私を見つめてましたが「母子を頼む」と言っていたに違いありません。野良黒、約束は守るからね。

ノン帰ってきておくれ

　弟のフクと一緒に我が家にきた野良猫のノン。心優しい子で私によく懐いていました。捨て猫赤ちゃんのミューがうちに来てから焼餅を妬いたのか家出し近くの小屋で自活。毎日私が御飯を運んでいたのですが、その後、行方不明に。

　ミューには罪はないのですがノンが可哀想で、可哀想で。 私にとってはどの子も平等に可愛い。ノン、生きてるのなら、どうか帰ってきておくれ。

反省ねこ

ナナちゃん。4日もどこ行ってたの？
わすれた。
1日1回は帰っといでよ！
は、はい。
3日たっても やくそく忘れないでね。
じしんにゃい。

ほら、こっちゃさ来い！

　お正月、家族で記念撮影。

　セルフタイマーで撮るのは大変ね。

　よその人に頼めばミューとナナが怖がって逃げるし、これが精一杯。ここにフクも入れるのは至難の技だ。猫の手も借りたい。

おかあたまスキありー本！

　お外がよく見えるサンルームのソファの特等席「背もたれ」を巡って母娘が取り合い。相撲になれば腕力の強いミューママに分（ぶ）がありますが、離れれば俊敏なナナの方に勝ち目があります。この後はいつもの仲良し親子に戻りました。外は雪。

小さく生まれて

大きく育った良い例

ミューは近くにお住まいの画家、西澤美幸さん（日展会友）が保護して下さいました。猫好きな夫さんが「食が細くて死にかかっていた」ミューに寝ずの介抱をして下さり助けて下さいました。おかげで命がつながって、今では食が太くなり過ぎて、まるで鏡もちのようです。

オスの三毛猫でした

　拙著「山登りねこ、ミケ」のミケは三毛ではなく二毛なのでは？と質問を頂きました。下の後継猫のミューのように顔には茶色はないのですが股が茶色でした。生涯5人の獣医さんに掛かりましたが皆さん「オスの三毛猫は初めて見た」と言っておられました。

　左がミケ。右はミュー。今ではふたりが一体化して、ミューと散歩したり登山していても、ミケとも一緒に居る気になります ^_^

父ちゃんにゃあ。もっとにゃあ

顔が小さくて足が長く見えるように
写しておくれよ～。　　　　フク

フク、冬物しまうから、のいて

　我が道を行く孤高のフクですが相手されると嬉しくて目が寄ります (^^) ベロも出ます (^^) フニャフニャ一番おしゃべりです。家では、かつぶし男と呼ばれています。私の顔を見たら「父ちゃん、かつぶしおくれ」とせがみます。

産みの母より育ての母

　暑くても連日連夜、奥たまに寄り添うミュー。生後約１ヶ月で捨てられるまでは母猫にたっぷり甘えていたとは思うのですが、、、。

　とにかく体の一部が奥たまに触れていると安心するようです^_^ 奥たまにとっても癒しになっております。

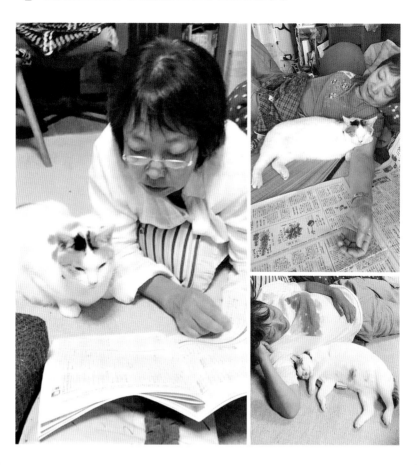

ブレーメンの音楽隊

　河原で遊んだあと、大お母たまのコカリナに合わせて堤防の道を帰りました。私一人よりも大お母たまも散歩に同伴するとミューナナ親子は楽しそう！

　目に見えて嬉しそうに はしゃぎ回ります。それを見るのも私の楽しみのひとつです。

相合傘は愛愛傘

　増水の様子を撮影しようと地面に傘を置いたら入ってきました。風で奥たまの傘が飛んだのでミューは呆然。

　土砂降りになり「みんな走れ〜」と叫ぶとナナはキタキツネのようにジャンプしながら、ミューはナナの頭を叩きながら走るので夫婦で大笑い（笑）

奥たま50年間お疲れ様でした

　農家の父が病に倒れ、13歳から19歳まで新潟の深雪の中、自転車で新聞配達をして家計を支えた頑張り屋さんの奥たま。

　養護施設に住み込みで働きながら学校に通って資格を取り、無認可共同保育所や幼稚園の先生を経て、最後は老人ホームで介護福祉士をしていました。

　しかし遺伝型の糖尿病に加え、長年の酷使で腕や肩を腰を痛め、余力を残して本日限りで、やむなく退職。50年間に渡る労働者生活に終止符を打ちました。

　帰宅したところを get して花束を渡すと感極まったみたいです。

　優しい人なので子どもからもお年寄りからも同僚からも慕われていたそうです。いつも弱い立場の人の味方でした。

　これからはボランティアとして子どもやお年寄りに関わっていくそうです。私の面倒も見てね。てへへっ。

　てんぷくトリオを代表してミューがお母たまの長年の苦労をねぎらってくれました！

yutaka

メインクーンの愛称はジェントルジャイアント

　穏やかな巨人という意味です。
　野良猫だったフクの父親も野良猫だったそうですが、メインクーンとのハーフだったとのこと。ということはフクも1/4メインクーンなのかしら。じゃがいものメークインにも似てますね（笑）今日はお母たまの膝取りゲームはフクの勝ち。

二人の母が、ナナをしっかりガード

　４月はじめ。

　水がぬるみ、柳の新芽がほんのり紅くなってきました。

北アルプス表銀座縦走路と有明山（安曇富士）

奥たまが作ってくれた猫柄マスク

　アベノマスクはまだ届かない。小さいそうだからミューたちに
あげるしかないのかなあ？

　なに？　ミューも、いらないってか!?

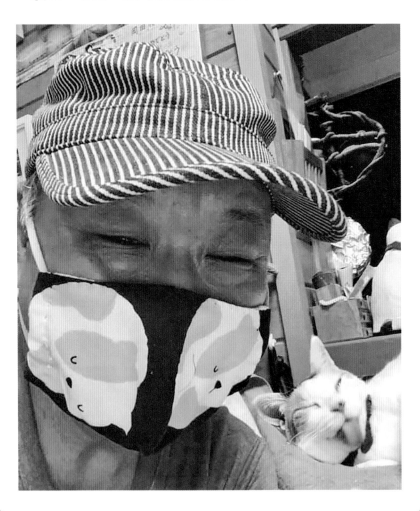

背中にキツネついてるよ

　なーんだ　タヌキか（笑）

　背中やお腹に乗るのが好きなフク。7キロもあるので本当に重いのです。元野良猫だったので、うちに連れて来られた時，逃げ回っていました。よく慣れてくれたものです ^_^

　本当はもっと奥たまに甘えたいのですが、後継猫のミュー・ナナの手前、そういうわけにも行かず、じっと我慢しています。だから時々、爆発して、まとめて甘えてきます。

　フェミニストのフクはどこか寅さんに似ています。

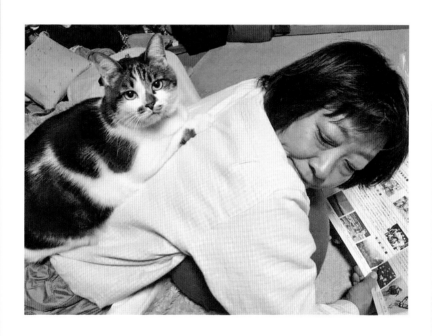

お母たま。暑いから

くっつかないでください。

ナナはミューが生涯1匹だけ産んだ子ども。娘が一人前になっても子離れできない過保護な母親です。

安曇野自由学園ほんじつ早退

　汗ばむ陽気。ナナがいつものコースの半分の地点で突然いなくなりました。

　30分後，ミューと部屋に戻ると自分のベッドでイタチのように長くなっていました。背中に太陽光パネルを背負っているので暑くて我慢できなかった模様。夏が思いやられます！

父ちゃん。今日も質素な晩ごはんだにゃあ

父ちゃん、これで5人前かよ〜!?
1食、7万円じゃなかったの？　接待は？
フク、まだ運んでる途中だってば〜。
魚のときは殆ど私の口には入りません。

ミューを育ててくれたフクおじさん

　スーパーの駐車場に捨てられていたミュー。母猫もさぞ辛かったことでしょう。

　父親がわりとして、イタズラ好きな わがまま娘をいたわりながら育ててくれました。男性猫保育士のパイオニアです。

父ちゃん。

ほんじつ最後のカツブシおくれよ。

フク、そんな潤んだ瞳で見つめられると、アカンって言われへんなあ〜。

かあちゃん、とうちゃん。オラ東京さ行ぐだ！

　フク。吉幾三や千昌夫じゃあるまいし、もう一旗、揚げなくてもいいよ ^_^

　君も10歳なんだから、田舎でのんびり暮らそうじゃないか (*^ ○ ^*)

ミューナナ親子7回目の花桃

　今年も散歩コースの花桃が満開になりました。大阪の亡き母が「わたいはハッキリせん桜よりハッキリしてる桃や花桃の色の方が好きやなあ〜（笑）」とわがままなことを言っていたのを思い出します ^_^

♪童謡「 おかあさん 」

おかあさん　なあに
おかあさんて　いいにおい
おさかな　たべてた　においでしょ
もろこし かじった　においでしょ

左はアルプス蓮華岳、右は爺ヶ岳

おわりに

この写真集を最後まで愛読いただき誠にありがとうございました。
また、出版を応援して下さったフェイスブック友だちのみなさん、並びに『山
登りねこ、ミケ』の読者のみなさんに感謝申し上げます。
足掛け10年間に渡り、毎日おもしろ可笑しい写真を約5万枚、撮影させて
くれたナナ・フク・ミューたちにお礼を言います。この、てんぷくトリオが元
気なうちに形として残せてホッとしています。今は野良猫に戻ってしまった、
フクの兄のノンが再び戻ってきてくれることを願うばかりです。
写真集への道を拓いてくれた先輩「山登りねこ、ミケ」も天国で喜んでくれ
ていることと思います。そしてナナを授けてくれ、育んでくれた亡き野良黒に
も感謝です。ミケと野良黒はボス猫の座を争っていたライバルですが、きっと
今は天国で仲良くふたり遊んでいればいいなあと思います。
そうそう、大の恩人「奥たま」のさよさん抜きでは、この写真集は完成しま
せんでした。42年間に渡り至らぬ私を支えてくれ、今回もモデルを務めてくれ
た、さよさん、本当にありがとう。
この写真集の主題は猫と人「種別を超えた家族の絆」です。元野良猫や捨

て猫でも、やがて人に心を開き、家族として気持ちを通い合わせることができ

ることを実感しています。かけがえのない家族です。この子らのおかげで病気

を抱える私たちも楽しい日々を送ることができました。

どうか、保護猫や保護犬を新しい家族として迎えてあげてほしいと心から

願っています。

なおこの写真集の収益の一部は保護団体に寄付させて頂きます。

2021年4月5日に『愛蔵カラー版　山登りねこ、ミケ』を、そして、

まだそれから間もないのに、今度はナナ・フク・ミューの写真集を出していた

だき、日本機関紙出版センターの丸尾忠義編集長には大変お世話になりまし

た。あらためて御礼申し上げます。

また、この写真集の出版を後押しして下さった

養護学校時代の生徒・保護者・元同僚の皆さんに

も、この場をお借りして御礼申し上げます。

写真集と併せて　『愛蔵カラー版　山登りねこ、

ミケ』及び、ぶんか社の携帯漫画「山登りねこ、

ミケ」も御愛読いただけましたら幸いです。

また、ユーチューブにナナ・フク・ミュー及び

ミケの動画を350本ほど投稿しています。「山登りねこ、ミケ」と検索して下さい。下の方に「山登りねこ、ミケとにゃかま達」という再生リストが4種類ありますので御覧下さい。岡田裕の2種類のチャンネルに登録やコメントも歓迎です。ついでに私達夫婦の下手な歌や演奏も覗いて頂けましたら幸いです。私が歌うと猫たちが音源からそおっと遠ざかっていく笑える動画も投稿しております。

最後にお願いです。我が家の猫たちは戸外で会った人たちを大変、警戒し怖がります。いきなりの来訪はご遠慮頂きます様お願い申し上げます。

読者の皆様のご健康を心より祈念申し上げ、ペンを置かせて頂きます。

2021年7月10日

岡田 裕

◎著者　岡田　裕（おかだゆたか）

・1956年生まれ。大阪府守口市出身。千葉県、大阪府、長野県の小学校、養護学校で教鞭をとる。主に図画・工作、美術を担当。
・全日本カラオケ指導協会公認教授。
・住所は〒399-8302　長野県安曇野市穂高北穂高2544-94
・TEL 090-9358-4397
・Facebookを公開、Youtube「岡田　裕」で猫動画を公開
・著書に『山登りねこ、ミケ』（2010年、日本機関紙出版センター）、漫画『山登りねこ、ミケ』（2011年、ぶんか社）、『愛蔵カラー版 山登りねこ、ミケ』（2021年、日本機関紙出版センター）がある。

ミュー

yutaka

安曇野にゃんこほのぼの日記
［山登りねこ、ミケ］の仲間たち

2021年8月10日　初版第1刷発行

著者　岡田 裕
発行者　坂手崇保
発行所　日本機関紙出版センター
　　　　〒553-0006　大阪市福島区吉野3-2-35
　　　　TEL 06-6465-1254　FAX 06-6465-1255
　　　　mail:hon@nike.eonet.ne.jp http://kikanshi-book.com
編集　丸尾忠義
DTP　Third
印刷・製本　株式会社シナノパブリッシングプレス
©Yutaka Okada 2021 Printed in Japan
ISBN:9784889009996

【絶賛発売中】

NHK「もふもふモフモフ」などで紹介され、多くの視聴者が感涙した「山登りねこ。ミケ」が待望の〈愛蔵カラー版〉になって刊行! 信州・安曇野の山好き夫婦との強い絆に支えられ登った山は60座以上。

A5判変型　ソフトカバー　122ページ　本体1300円